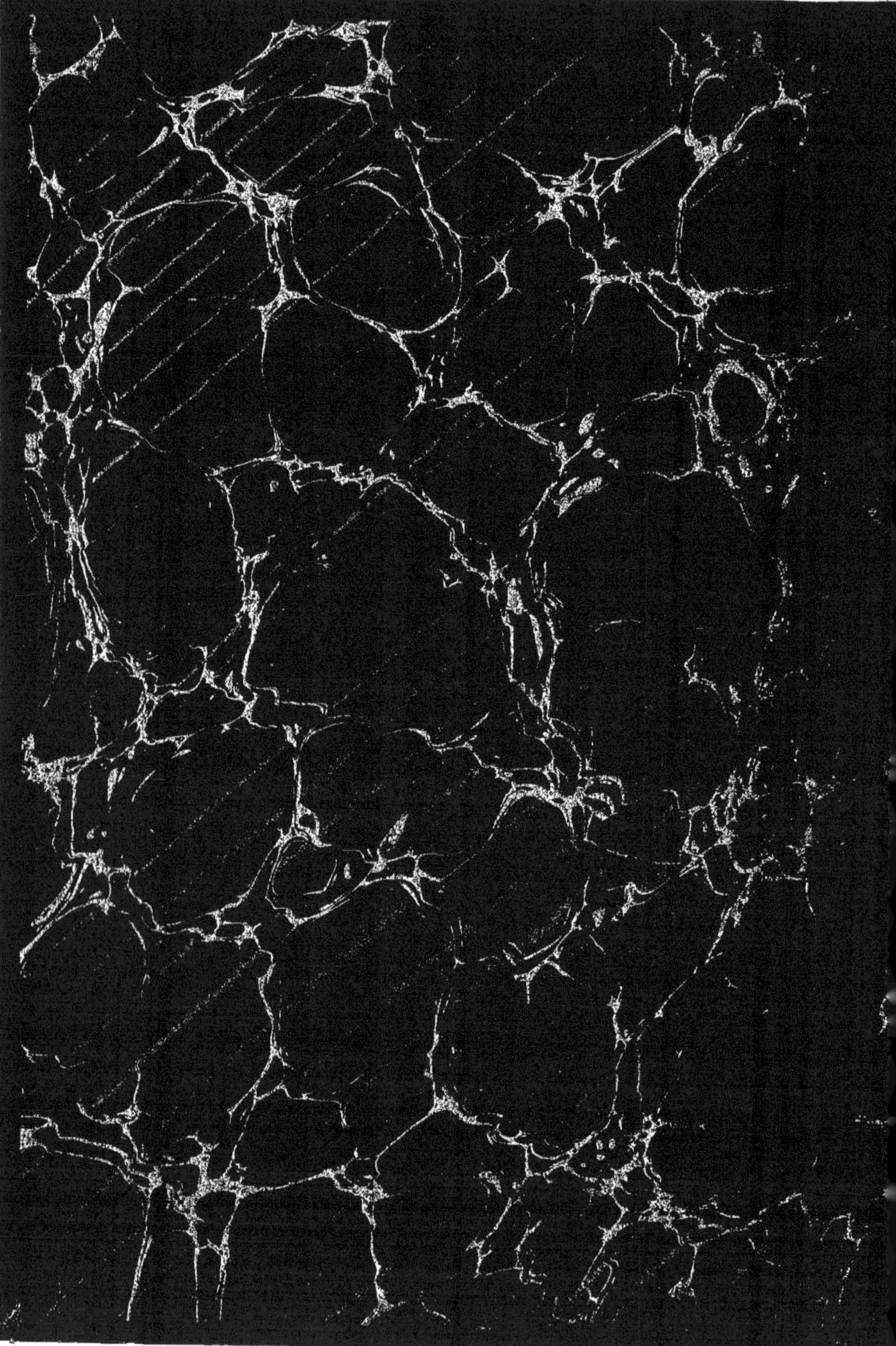

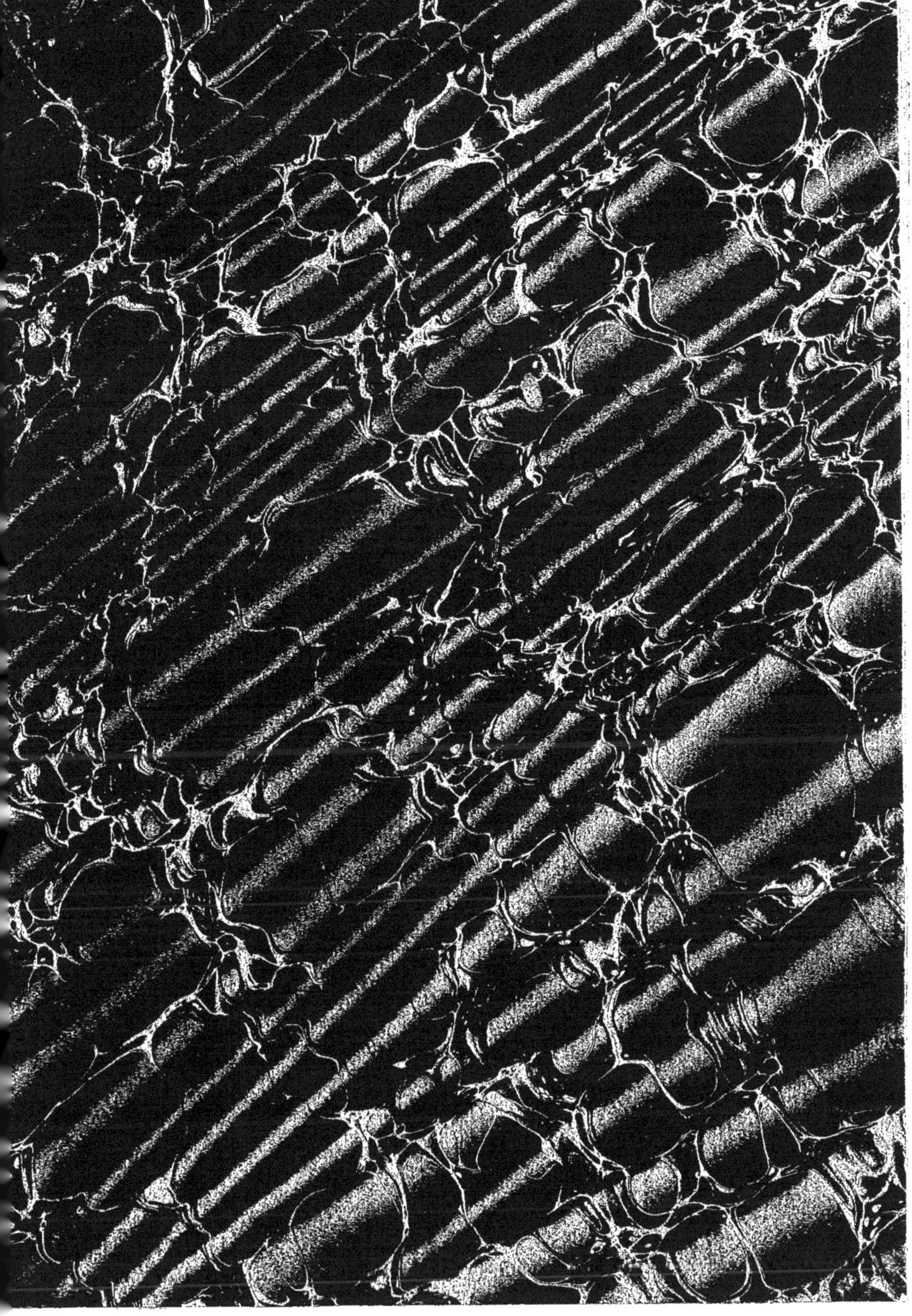

SUR LA VARIATION

DES

INTÉGRALES DOUBLES.

THÈSE D'ANALYSE

PRÉSENTÉE A LA FACULTÉ DES SCIENCES DE PARIS,

PAR M. BOUQUET,

Élève de l'École Normale.

PARIS,

IMPRIMERIE DE BACHELIER,

RUE DU JARDINET, 12.

—

1843.

ACADÉMIE DE PARIS.

FACULTÉ DES SCIENCES.

THÈSE D'ANALYSE.

SUR LA

VARIATION DES INTÉGRALES DOUBLES.

Lorsque l'on veut déterminer la fonction qui doit rendre *maximum* ou *minimum* l'intégrale $\int_a^b \mathrm{U}\,dx$, dans laquelle U représente une fonction de la variable indépendante x, de la fonction inconnue y, et des dérivées de y par rapport à x, jusqu'à celles de l'ordre p, on trouve que la fonction y doit satisfaire, pour une valeur quelconque de x comprise entre les limites a et b, à une équation différentielle qui est en général de l'ordre $2p$. Cette équation donne y avec $2p$ constantes arbitraires. De plus, la même fonction y et ses dérivées doivent, pour les valeurs particulières $x=a$ ou $x=b$, vérifier $2p+2$ équations, au moyen desquelles on peut déterminer les $2p$ constantes arbitraires contenues dans l'intégrale indéfinie. Je me propose, dans cette Thèse, d'indiquer comment on peut former les différentes équations auxquelles doit satisfaire une fonction z de deux variables indépendantes x et y, pour qu'elle rende *maximum* ou *minimum* l'intégrale $\int_a^b \int_u^v \mathrm{U}\,dx\,dy \ldots = \mathrm{A}$; a et b étant deux constantes données ou inconnues, u et v deux fonctions de x données ou inconnues, et enfin U une fonction qui contient x, y, z et les dérivées de z par rapport à x et y, jusqu'à celles de l'ordre p. Lorsque les constantes a et b et les fonctions u et v ne sont pas données, elles sont assujetties à vérifier, conjointement avec les valeurs de z et de quelques-unes de ses dérivées pour les valeurs limites de l'intégrale, un certain no i bre d'équations données.

La méthode à suivre pour résoudre la question proposée est la même que celle que l'on emploie lorsqu'il s'agit d'une intégrale simple. On remarque que si la fonction z et les limites étaient connues, en remplaçant la fonction et les limites qui se rapportent au *maximum* ou au *minimum* par une autre fonction et par d'autres limites qui diffèrent infiniment peu des premières, et qui satisfassent à toutes les équations données, on devrait avoir pour A une valeur constamment plus grande ou plus petite que celle obtenue en premier lieu, suivant qu'il s'agit d'une question de *minimum* ou de *maximum*. D'où l'on conclut d'abord qu'il faut égaler à zéro la partie infiniment petite du premier ordre de l'accroissement de A, provenant des changements infiniment petits que l'on peut faire subir à la fonction z et aux limites à partir des valeurs qui se rapportent au *maximum* ou au *minimum*. L'équation ainsi obtenue est commune aux deux cas, et il ne suffit pas qu'elle soit satisfaite pour certaines valeurs de la fonction z et des limites, pour en conclure que l'intégrale A est rendue *maximum* ou *minimum*. La manière la plus simple de déterminer l'accroissement de A consiste à imaginer que la fonction z dépend non-seulement de x et de y, mais encore d'un paramètre m; u et v, a et b renferment aussi m. Ce paramètre entre d'une manière arbitraire dans toutes ces fonctions; il suffit qu'elles se réduisent, pour une valeur particulière $m = m_0$, à la fonction z et aux limites qui se rapportent au *maximum* ou au *minimum*, et qu'elles vérifient, quel que soit m, les équations données. On cherche alors l'accroissement qu'éprouve A pour un accroissement infiniment petit du paramètre m, à partir de m_0. On fera d'abord abstraction des équations données; on verra plus tard comment on y a égard.

Dans ce qui suit, les dérivées de z, par rapport à x et y, sont représentées par

$$z', \quad z_{,}, \quad z'', \quad z'_{,}, \quad z_{,,}, \ldots$$

En général, $z^{\alpha}_{\beta} = \dfrac{d^{\alpha+\beta}z}{dx^{\alpha}dy^{\beta}}$; les différentiations par rapport à m

sont marquées par la caractéristique δ. Lorsque, dans une fonction V de x et y, on doit remplacer y par l'une des limites u ou v, on l'indique de la manière suivante : $(V)^v$ ou $(V)^u$. Si l'on devait faire la différence des résultats, on écrirait simplement $(V)_u^v$. De même, $(V)^b$, $(V)^a$, $(V)_a^b$, représentent ce que devient la fonction V, qui peut renfermer x et y, ou x seul, lorsqu'on a remplacé x par b ou par a, ou enfin la différence entre les résultats des deux substitutions.

Puisque $A = \int_a^b dx \int_u^v U\,dy$, on a

$$\delta A = \delta b \int_{u^b}^{v^b} U^b\,dy - \delta a \int_{u^a}^{v^a} U^a\,dy + \int_a^b dx\,\delta . \int_u^v U\,dy.$$

Mais

$$\delta . \int_u^v U\,dy = U^v \delta v - U^u \delta u + \int_u^v \delta U\,dy\,;$$

donc

$$\delta A = \delta b \int_{u^b}^{v^b} U^b\,dy - \delta a \int_{u^a}^{v^a} U^a\,dy + \int_a^b U^v \delta v\,dx - \int_a^b U^u \delta u\,dx$$
$$+ \int_a^b \int_u^v \delta U\,dx\,dy.$$

Il faut maintenant développer le terme $\int_a^b \int_u^v \delta U\,dx\,dy$:

$$\delta U = \frac{dU}{dz}\delta z + \frac{dU}{dz'}\delta z' + \frac{dU}{dz_{,}}\delta z_{,} + \frac{dU}{dz''}\delta z'' + \frac{dU}{dz'_{,}}\delta z'_{,} + \frac{dU}{dz_{,,}}\delta z_{,,} + \ldots .$$
$$+ \ldots + \frac{dU}{dz^p}\delta z^p \ldots + \frac{dU}{dz_q^{p-q}}\delta z_q^{p-q} \ldots + \frac{dU}{dz_p}\delta z_p .$$

D'ailleurs

$$\delta z_q^{p-q} = \frac{d^p}{dx^{p-q}\,dy^q}\delta z\,;$$

donc si l'on fait, pour abréger,

$$\frac{dU}{dz} = L, \quad \frac{dU}{dz'} = P, \quad \frac{dU}{dz_{,}} = Q,$$
$$\frac{dU}{dz^p} = G, \quad \frac{dU}{dz_q^{p-q}} = H, \quad \frac{dU}{dz_q} = I,$$

on aura

$$\delta U = L\delta z + P\frac{d}{dx}\delta z + Q\frac{d}{dy}\delta z + R\frac{d^2}{dx^2}\delta z + S\frac{d^2}{dx\,dy}\delta z + T\frac{d^2}{dy^2}\delta z + \ldots$$

$$+ \ldots + G\frac{d^p}{dx^p}\delta z \ldots + H\frac{d^p}{dx^{p-q}\,dy^q}\delta z \ldots + I\frac{d^p}{dy^p}\delta z.$$

En appliquant à chacun des termes de l'intégrale $\int_a^b\int_u^v \delta U\,dx\,dy$ le procédé de l'intégration par parties, on la transforme en intégrales simples, et en une autre intégrale double qui ne contient plus aucune des dérivées de δz.

En effet,

$$\int_a^b dx \int_u^v I\frac{d^p}{dy^p}\delta z . dy = \int_a^b dx\left(I\,\delta z_{p-1} - \frac{dI}{dy}\delta z_{p-2} + \frac{d^2 I}{dy^2}\delta z_{p-3} \ldots \pm \frac{d^{p-1}I}{dy^{p-1}}\delta z\right)_u^v$$

$$\mp \int_a^b\int_u^v \frac{d^p I}{dy^p}\delta z . dx\,dy,$$

$$\int_a^b\int_u^v G\frac{d^p}{dx^p}\delta z\,dx\,dy = \int_c^d dy\int_r^s G\frac{d^p}{dx^p}\delta z\,dx$$

$$= \int_c^d \left(G\,\delta z^{p-1} - \frac{dG}{dx}\delta z^{p-2} + \frac{d^2 G}{dx^2}\delta z^{p-2} \ldots \pm \frac{d^{p-1}G}{dx^{p-1}}\delta z\right)_r^s dy$$

$$\mp \int_c^d\int_r^s \frac{d^p G}{dx^p}\delta z\,dx\,dy = \int_c^d (M)_r^s\,dy \mp \int_a^b\int_u^v \frac{d^p G}{dx^p}\delta z\,dx\,dy.$$

On démontre sans peine que

$$\int_c^d (M)_r^s\,dy = \int_{u^b}^{v^b} (M)^b dy - \int_{u^a}^{v^a} (M)^a dy - \int_a^b (M)^v \frac{dv}{dx}\,dx + \int_a^b (M)^u \frac{du}{dx}\,dx.$$

Quant aux termes de la forme $\int_a^b\int_u^v H\frac{d^p}{dx^{p-q}\,dy}\delta z\,dx\,dy$, ils se ramènent aux précédents en intégrant d'abord par rapport à y ; car

$$\int_a^b\int_u^v H\frac{d^p}{dx^{p-q}\,dy^q}\delta z\,dx\,dy$$

$$= \int_a^b \left(H\,\delta z_{q-1}^{p-q} - \frac{dH}{dy}\delta z_{q-2}^{p-q} + \frac{d^2 H}{dy^2}\delta z_{q-3}^{p-q} \ldots \pm \frac{d^{q-1}H}{dy^{q-1}}\delta z^{p-q}\right)_u^v dx$$

$$\mp \int_a^b\int_u^v \frac{d^q H}{dy^q}\frac{d^{p-q}}{dx^{p-q}}\delta z . dx\,dy;$$

et l'on réduit le terme $\int_a^b \int_u^v \frac{d^q H}{dy^q} \frac{d^{p-q}}{dx^{p-q}} \delta z\, dx\, dy$, comme nous venons de l'indiquer. De cette manière l'intégrale double $\int_a^b \int_u^v \delta U\, dx\, dy$ sera remplacée par les termes suivants

$$\int_a^b \int_u^v \delta z \left(I - \frac{dP}{dx} - \frac{dQ}{dy} + \frac{d^2R}{dx^2} + \frac{d^2S}{dxdy} + \frac{d^2T}{dy^2} \cdots \right) dx\, dy$$

$$+ \int_a^b (B\delta z + B'\delta z' + B_{,}\delta z_{,} + B''\delta z'' + B'_{,}\delta z'_{,} + B_{,,}\delta z_{,,} \ldots + B^{p-1}\delta z^{p-1} + B_{,}^{p-2}\delta z_{,}^{p-2} \ldots + B_{p-1}\delta z_{p-1})^v dx$$

$$- \int_a^b (C\delta z + C'\delta z' + C_{,}\delta z_{,} + C''\delta z'' + C'_{,}\delta z'_{,} + C_{,,}\delta z_{,,} \ldots + C^{p-1}\delta z^{p-1} + C_{,}^{p-2}\delta z_{,}^{p-2} \ldots + C_{p-1}\delta z_{p-1})^u dx$$

$$+ \int_{u^b}^{v^b} (D\delta z + D'\delta z' + D''\delta z'' + \ldots + D^{p-1}\delta z^{p-1})^b dy$$

$$- \int_{u^a}^{v^a} (D\delta z + D'\delta z' + D''\delta z'' + \ldots + D^{p-1}\delta z^{p-1})^a dy.$$

Les intégrales simples qui précèdent renferment les variations δz, $\delta z'$, $\delta z_{,}$, $\delta z_{,,}$, $\delta z'_{,}$, $\delta z_{,,}$,..., prises aux limites u, v, a et b. On les remplace par les variations des quantités z, z', $z_{,}$, z'', $z'_{,}$, $z_{,,}$, prises à ces mêmes limites ; on a

$$(\delta z)^u = \delta(z)^u - (z_{,})^u \delta u, \quad \left(\delta z_{\beta}^{\alpha}\right)^u = \delta\left(z_{\beta}^{\alpha}\right)^u - \left(z_{\beta+1}^{\alpha}\right)^u \delta u,$$

$$(\delta z)^a = \delta(z)^a - (z')^a \delta a, \quad (\delta z^{\alpha})^a = \delta(z^{\alpha})^a - (z^{\alpha+1})^a \delta a.$$

Si l'on fait les substitutions et que l'on réunisse à la partie précédente les premiers termes de δA, on aura

$$\begin{aligned}
\delta A = {} & \delta b \int_{u^b}^{v^b} N^b dy - \delta a \int_{u^a}^{v^a} N^a dy \\
& + \int_{u^b}^{v^b} [D\delta z^b + D'\delta(z')^b + D''\delta(z'')^b + \ldots + D^{p-1}\delta(z^{p-1})^b]^b dy \\
& - \int_{u^a}^{v^a} [D\delta z^a + D'\delta(z')^a + D''\delta(z'')^a + \ldots + D^{p-1}\delta(z^{p-1})^a]^a dy \\
& + \int_a^b [E\delta v + B\delta z^v + B'\delta(z')^v + B_{,}\delta(z_{,})^v \ldots]^v dx \\
& - \int_a^b [F\delta u + C\delta z^u + C'\delta(z')^u + C_{,}\delta(z_{,})^u \ldots]^u dx \\
& + \int_a^b \int_u^v \delta z \left(L - \frac{dP}{dx} - \frac{dQ}{dy} + \frac{d^2R}{dx^2} - \frac{d^2S}{dxdy} + \frac{d^2T}{dy^2} \cdots \right) dxdy.
\end{aligned}$$

En faisant abstraction des équations aux limites, il est clair que les quantités

$$\delta(z)^b,\ \delta(z')^b,\ \delta(z'')^b,\ldots,\quad \delta(z)^a,\ \delta(z')^a,\ \delta(z'')^a,\ldots$$

sont des fonctions arbitraires de y; mais les variations

$$\delta v,\ \delta(z)^v,\ \delta(z')^v,\ \delta(z_{,})^v,\ldots,\quad \delta u,\ \delta(z)^u,\ \delta(z')^u,\ \delta(z_{,})^u,\ldots$$

ne sont pas toutes des fonctions arbitraires de x, car on peut exprimer toutes les dérivées de z par rapport à x et y, jusqu'à celles de l'ordre p, prises pour $y=v$ par exemple, au moyen des seules dérivées $(z_{,})^v$, $(z_{,,})^v,\ldots$, (z_{p-1}), des dérivées de celles-ci par rapport à x, et enfin des dérivées par rapport à x des quantités v et $(z)^v$; par conséquent, les variations

$$\delta(z')^v,\ \delta(z_{,})^v,\ \delta(z'')^v,\ \delta(z'_{,})^v,\ \delta(z_{,,})^v,\ldots$$

s'exprimeront en fonction des variations

$$\delta(z_{,})^v,\quad \delta(z_{,,})^v,\ldots,\quad \delta(z_{p-1})^v,$$

de leurs dérivées par rapport à x et de dérivées par rapport à x des variations δv, $\delta(z)^v$.

Ces transformations s'effectuent au moyen des équations suivantes

$$\frac{d}{dx}(z)^v = (z')^v + (z_{,})^v\frac{dv}{dx},$$

$$\frac{d^2}{dx^2}(z)^v = (z'')^v + 2(z'_{,})^v\frac{dv}{dx} + (z_{,,})^v\left(\frac{dv}{dx}\right)^2 + (z_{,})^v\frac{d^2v}{dx^2},$$

. . . .

$$\frac{d^{p-1}}{dx^{p-1}}(z)^v = (z^{p-1})^v + \ldots\ldots\ldots + (z_{,})^v\frac{d^{p-1}v}{dx^{p-1}},$$

$$\frac{d}{dx}(z_{,})^v = (z'_{,})^v + (z_{,,})^v\frac{dv}{dx},$$

$$\frac{d^2}{dx^2}(z_{,})^v = (z''_{,})^v + 2(z'_{,,})\frac{dv}{dx} + (z_{,,,})^v\left(\frac{dv}{dx}\right) + (z_{,,})^v\frac{d^2v}{dx^2},$$

. . . .

$$\frac{d^{p-2}}{dx^{p-2}}(z_{,})^v = (z_{,}^{p-2})^v + \ldots\ldots\ldots + (z_{,,})^v\frac{d^{p-2}v}{dx^{p-2}},$$

. . . .

$$\frac{d}{dx}(z_{p-3})^v = (z'_{p-3})^v + (z_{p-2})\frac{dv}{dx},$$

$$\frac{d^2}{dx^2}(z_{p-3}) = (z''_{p-3})^v + 2(z'_{p-2})\frac{dv}{dx} + (z_{p-1})\left(\frac{dv}{dx}\right)^2 + (z_{p-2})^v\frac{d^2v}{dx^2},$$

$$\frac{d}{dx}(z_{p-2}) = (z'_{p-2})^v + (z_{p-1})^v\frac{dv}{dx},$$

et de celles que l'on obtient en les différentiant par rapport à m, et qui sont

$$(\mu)\left\{\begin{array}{l} \frac{d}{dx}\delta(z)^{\nu}=\delta(z')^{\nu}+\frac{d\nu}{dx}\delta(z_{,})^{\nu}+(z_{,})^{\nu}\frac{d}{dx}\delta\nu, \\ \frac{d^{2}}{dx^{2}}\delta(z)^{\nu}=\delta(z'')^{\nu}+2\frac{d\nu}{dx}\delta(z'_{,})^{\nu}+2(z'_{,})^{\nu}\frac{d}{dx}\delta\nu+\frac{d^{2}\nu}{dx^{2}}\delta(z_{,})^{\nu}+(z_{,})^{\nu}\frac{d^{2}}{dx^{2}}\delta\nu, \\ \text{etc., etc.} \end{array}\right.$$

Après avoir substitué les valeurs de $\delta(z')^{\nu}$, $\delta(z'_{,})^{\nu}$, $\delta(z'')^{\nu}$, tirées de ces dernières dans l'intégrale

$$\int_{a}^{b}[\mathrm{E}\,\delta\nu+\mathrm{B}\,\delta(z)^{\nu}+\mathrm{B}'\,\delta(z')^{\nu}+\mathrm{B}_{,}\delta(z_{,})^{\nu}\ldots\ldots]^{\nu}\,dy,$$

on intégrera par parties les termes de la forme $\int_{a}^{b}\mathrm{K}\frac{d^{\beta}}{dx^{\beta}}\delta(z_{n})^{\nu}\,dx$ ou $\int_{a}^{b}\mathrm{K}\,\frac{d^{\beta}}{dx^{\beta}}\delta\nu\,dx$. On a

$$\int_{a}^{b}\mathrm{K}\frac{d^{\beta}}{dx^{\beta}}\,\delta\,(z_{n})^{\nu}\,dx=\left(\mathrm{K}\,\frac{d^{\beta-1}}{dx^{\beta-1}}\,\delta(z_{n})^{\nu}-\frac{dk}{dx}\,\frac{d^{\beta-2}}{dx^{\beta-2}}\,\delta\,(z_{n})^{\nu}+\ldots\right)_{a}^{b}$$
$$\pm\int_{a}^{b}\frac{d^{\beta}\,\mathrm{K}}{dx^{\beta}}\,\delta\,(z_{n})^{\nu}\,dx\,;$$

puis dans la parenthèse en dehors du signe d'intégration on remplacera les termes $\frac{d^{\beta-1}}{dx^{\beta-1}}\delta(z_{n})^{\nu}$, $\frac{d^{\beta-2}}{dx^{\beta-2}}\delta(z_{n})^{\nu}$,.... par leurs valeurs fournies par les équations (μ).

Enfin, si l'on remarque que

$$\left[\delta\left(z^{\alpha}_{\beta}\right)^{\nu}\right]^{a}=\delta\left[\left(z^{\alpha}_{\beta}\right)^{\nu}\right]^{a}-\left[\frac{d}{dx}\left(z^{\alpha}_{\beta}\right)^{\nu}\right]^{a}\delta a,$$

et

$$\left(\delta\,\nu^{\alpha}\right)^{a}=\delta\left[\left(\nu^{\alpha}\right)\right]^{a}-\left(\nu^{\alpha+1}\right)^{a}\,\delta a,$$

l'intégrale $\int_{a}^{b}[\mathrm{E}\,\delta\nu+\mathrm{B}\delta z^{\nu}+\mathrm{B}'\,\delta(z')^{\nu}+\mathrm{B}_{,}\delta(z_{,})^{\nu}\ldots]^{\nu}\,dx$ sera remplacée par les termes suivants

$$\int_a^b [\psi\delta v + \varphi\delta z^v + \varphi_{,}\delta(z_{,})^v + \varphi_{,,}\delta(z_{,,})^v \ldots + \varphi_{p-2}\delta(z_{p-2})^v]^v dx$$

$$+\left\{\begin{array}{l} \varsigma\delta b + \theta\delta v^b + \theta'\delta(v')^b + \theta''\delta(v'')^b \ldots + \theta^{p-2}\delta(v^{p-2})^b \\ \quad + \chi\delta(z)^h + \chi'\delta(z')^h + \chi_{,}\delta(z_{,})^h + \chi''\delta(z'')^h + \chi'_{,}\delta(z'_{,})^h \ldots \\ \quad + \ldots\ldots + \chi^{p-2}\delta(z^{p-2})^h + \ldots + \chi_{p-2}\delta(z^{p-2})^h \end{array}\right\}^b$$

$$-\left\{\begin{array}{l} \varsigma\delta a + \theta\delta v^a + \theta'\delta(v')^a + \ldots \\ \quad + \chi\delta(z)^l + \chi'\delta(z')^l + \ldots \\ \quad + \chi^{p-2}\delta(z^{p-2})^l \end{array}\right\}^a$$

où l'on représente, pour simplifier, l'expression $\left[\left(z_\beta^\alpha\right)^v\right]^b$ par $\left(z_\beta^\alpha\right)^h$, et $\left[\left(z_\beta^\alpha\right)^v\right]^a$ par $\delta\left(z_\beta^\alpha\right)^l$.

On fera subir des transformations tout à fait analogues à l'intégrale

$$\int_a^b (\mathrm{F}\delta u + \mathrm{C}\delta z^u \ldots)^u dx.$$

La variation δA est ramenée à la forme la plus simple dont elle soit susceptible; les variations qu'elle contient sont :

1°. Les variations δb, δa; les variations des quantités $v, v', v'', \ldots, v^{p-2}$, $u, u', u'', \ldots, u^{p-2}$, prises aux limites a et b; celles de z et de ses dérivées jusqu'à l'ordre $p-2$, prises pour $(x=b, y=v^b)$, $(x=b, y=u^b)$, $(x=a, y=v^a)$, $(x=a, y=u^a)$. Ces variations sont des constantes arbitraires en nombre égal à $2+4(p-1)+2p(p-1)$.

2°. Les variations des quantités $z, z', z'', \ldots, z^{p-1}$, prises aux limites a et b. Ces variations, contenues sous les signes d'intégration $\int_{u^a}^{v^a}$ ou $\int_{u^b}^{v^b}$, sont $2p$ fonctions de y entièrement arbitraires, excepté pour les valeurs $y=u^a$, $y=u^b$, $y=v^a$, $y=v^b$.

3°. Les variations de u, de v, de z et de ses dérivées par rapport à y, jusqu'à l'ordre $p-2$, prises pour $y=u$ ou $y=v$. Ces variations, contenues sous le signe d'intégration $\int_a^b$, sont $2p$ fonctions de x arbitraires, excepté pour les valeurs $x=a$ ou $x=b$.

4°. Enfin la variation δz, qui se trouve sous le signe $\int_a^b \int_u^v$, et qui est une fonction entièrement arbitraire de x et de y pour toutes les valeurs de ces variables qui ne correspondent pas aux limites de l'intégrale.

Quelles que soient les équations aux limites données, comme elles laissent la variation δz entièrement arbitraire dans toute l'étendue de l'intégrale double, δA ne peut être nul à moins que z ne satisfasse à l'équation aux différences partielles

$$L - \frac{dP}{dx} - \frac{dQ}{dy} + \frac{d^2R}{dx^2} + \frac{d^2S}{dxdy} + \frac{d^2T}{dy^2} - \ldots = 0,$$

qui est en général de l'ordre $2p$. Elle donne z avec $2p$ fonctions arbitraires.

Pour former les autres équations dans lesquelles se décompose la suivante $\delta A = 0$, il faut avoir égard à celles qui sont données ; or, on peut donner des équations : 1° entre les valeurs de z et de ses dérivées prises pour $y = u$ ou $y = v$, l'une des fonctions u ou v et ses dérivées par rapport à x; 2° entre les valeurs de z et de ses dérivées prises pour $x = a$ ou $x = b$; 3° entre les valeurs de z et de ses dérivées prises pour l'un des quatre systèmes $(x=a, y=u^a)$, $(x=a, y=v^a)$, $(x = b, y = u^b)$, $(x = b, y = v^b)$, et les limites a et b. Quelques-unes de ces quantités pourraient aussi se trouver dans les équations précédentes.

Les équations de première espèce déterminent un nombre des fonctions v, z^v, $(z_{,})^v$, $(z_{,,})^v$,..., ou u, z^u, $(z_{,})^u$, $(z_{,,})^u$,..., égal à celui des équations données, et servent par conséquent à éliminer de δA un pareil nombre de variations.

Pour faire cette élimination, après avoir différentié par la caractéristique δ les équations données, et remplacé les variations par leurs valeurs déduites des relations (μ), il faut multiplier leurs premiers membres par des fonctions indéterminées de x, et les ajouter à δA sous l'un des signes $\int_a^b$; réduire, comme précédemment, par des intégrations par parties les termes contenant les dérivées des variations; et enfin égaler à zéro les coefficients d'autant de variations qu'il y a de multiplicateurs ou d'équations données.

De même, pour les équations de seconde espèce, on ajoutera leurs premiers membres différentiés par δ et multipliés par des fonctions indéterminées de y, sous l'un des signes $\int_{u^a}^{v^a} \int_{u^b}^{v^b}$; les termes qui en sont susceptibles étant réduits, on égalera à zéro les coefficients d'autant de variations qu'il y a d'équations données.

Enfin, pour les équations de troisième espèce, on ajoutera les variations de leurs premiers membres multipliées par des constantes arbitraires à δA, et l'on égalera à zéro les coefficients d'autant de variations qu'il y a d'équations données.

Après cette opération, les variations qui restent dans δA, tant sous les signes d'intégration qu'en dehors de ces signes, sont toutes arbitraires; il faudra donc égaler à zéro leurs coefficients. Lorsque entre les équations obtenues on aura éliminé tous les multiplicateurs, le nombre d'équations restantes de chaque espèce sera égal au nombre des variations que renfermait δA avant l'élimination.

Puisque l'intégrale de l'équation aux différences partielles ne contient que $2p$ fonctions arbitraires, il sera en général impossible de les déterminer de manière à satisfaire à toutes les équations précédentes. En effet, concevons, par exemple, que l'on prenne les $2p$ fonctions arbitraires de x, dont on peut supposer que dépend l'intégrale, ainsi que les fonctions u et v, de telle sorte que les $2p + 2$ équations contenant la variable x soient satisfaites; la fonction z ne renfermera plus que des constantes arbitraires, et ne jouira que d'une indétermination insuffisante pour que l'on puisse l'astreindre à vérifier $2p$ équations contenant y. Dans ce cas, pour que le problème ait une solution, il faudrait ne pas donner d'équations entre les valeurs de z et de ses dérivées prises aux limites a et b, et supposer que la fonction inconnue ne doit être choisie que parmi celles qui ont, ainsi que leurs dérivées, les mêmes valeurs aux limites a et b; ces valeurs n'étant pas données, alors on aurait

$$\delta z^a = \delta (z')^a = \delta (z'')^a = \ldots = 0, \quad \delta z^b = \delta (z')^b = \delta (z'')^b = \ldots = 0,$$

et les équations en y disparaîtraient.

Si l'intégrale devait être prise dans toute l'étendue comprise entre deux courbes fermées intérieures l'une à l'autre, on transformerait les coordonnées rectangles en coordonnées polaires, le pôle étant pris dans l'intérieur des deux courbes; l'intégrale prendrait alors la forme

$$\int_{\omega}^{\omega+2\pi}\int_{\rho_0}^{\rho_1} \mathrm{P}\, d\rho\, d\omega :$$

les équations se réduiraient à l'équation aux différences partielles qui détermine z, et à $2p+2$ équations contenant ω.

Vu et approuvé,

Le 1843.

Le Doyen de la Faculté des Sciences,

DUMAS.

Permis d'imprimer,

L'Inspecteur général des Études,

chargé de l'administration de l'Académie de Paris,

ROUSSELLE.

PROGRAMME

D'UNE

THÈSE D'ASTRONOMIE.

1°. Sur quelques cas simples où l'on peut déterminer rigoureusement le mouvement d'un système de corps.

2°. Lorsqu'on ne considère que trois corps, ils doivent, à chaque instant du mouvement, se trouver aux sommets d'un triangle équilatéral, ou être en ligne droite.

3°. On démontre que la position en ligne droite est instable.

Vu et approuvé,

Le 1843.

LE DOYEN DE LA FACULTÉ DES SCIENCES,

DUMAS.

Permis d'imprimer,

L'INSPECTEUR GÉNÉRAL DES ÉTUDES,

chargé de l'administration de l'Académie de Paris,

ROUSSELLE.

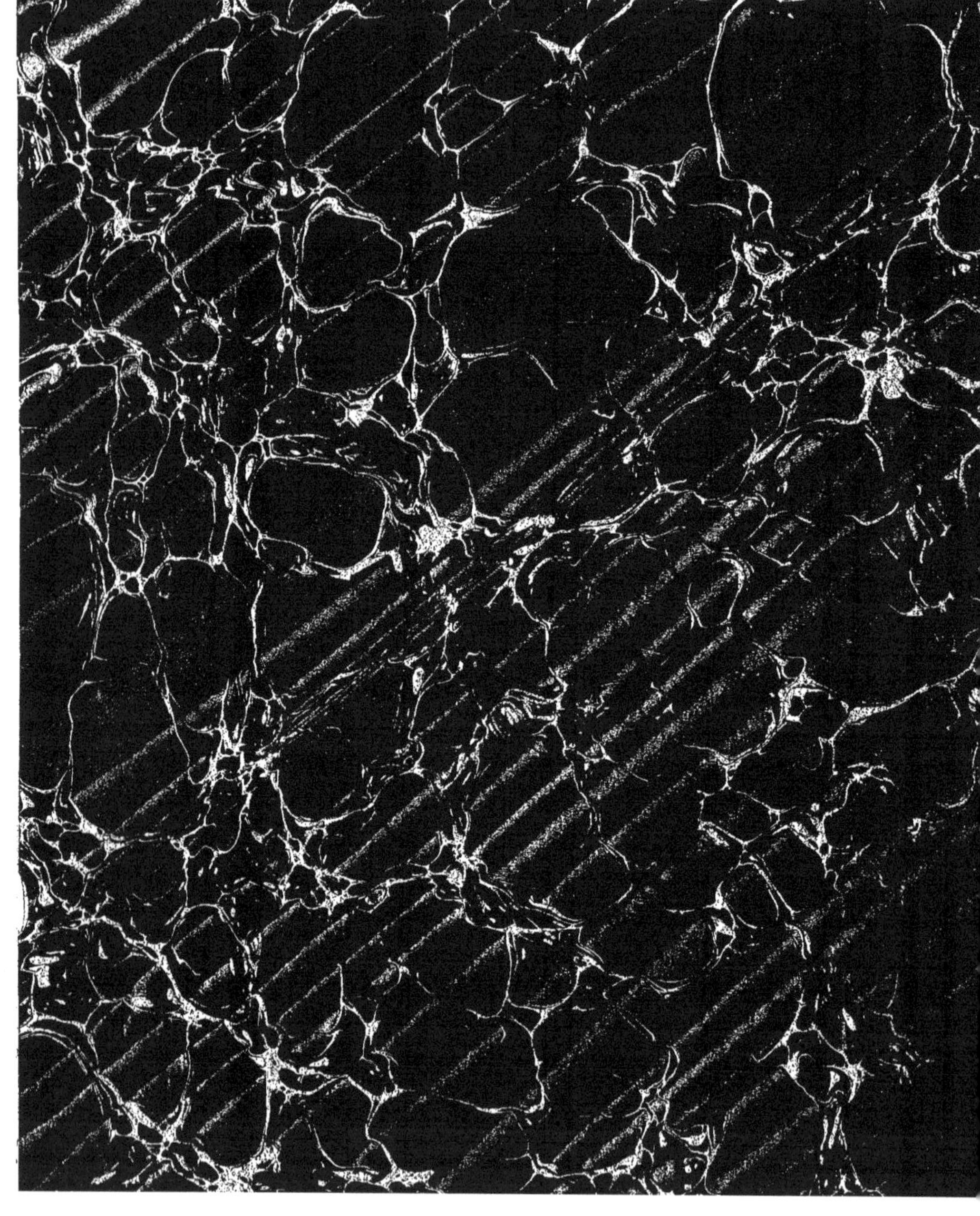

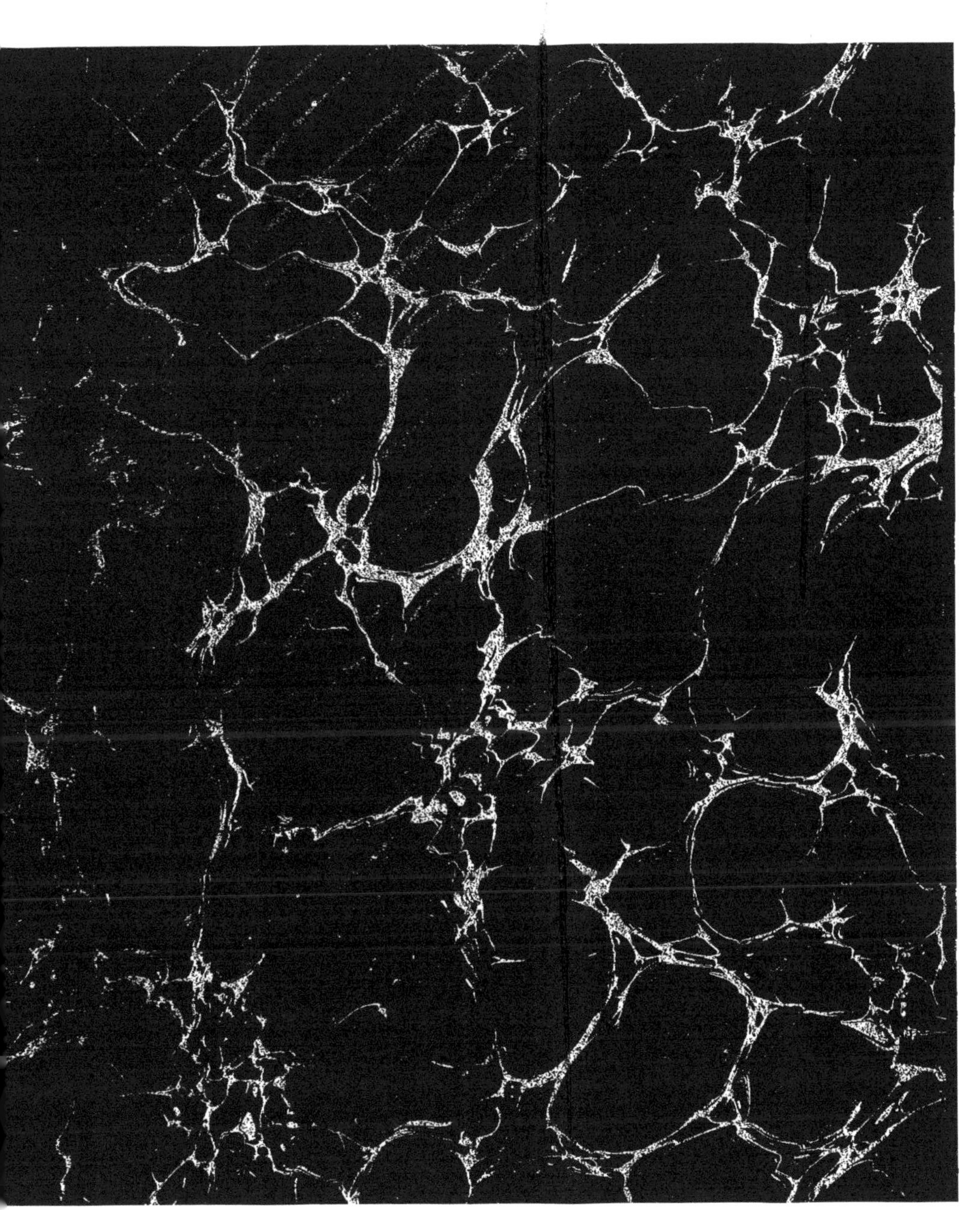

www.ingramcontent.com/pod-product-compliance
Ingram Content Group UK Ltd.
Pitfield, Milton Keynes, MK11 3LW, UK
UKHW020228200726
13856UKWH00004B/1655

9 782013 614313